洋洋兔 编绘

爱人以德

石油工业出版社

图书在版编目(CIP)数据

爱人以德 / 洋洋兔编绘. — 北京：石油工业出版社，2023.12

（中国古代名人家训）

ISBN 978-7-5183-6432-9

Ⅰ.①爱… Ⅱ.①洋… Ⅲ.①家庭道德–中国–古代–青少年读物 Ⅳ.①B823.1-49

中国国家版本馆CIP数据核字(2023)第217686号

爱人以德

洋洋兔　编绘

选题策划：王　昕　　曹敏睿
责任编辑：黄晓林　　王之源
责任校对：刘晓雪
出版发行：石油工业出版社
　　　　（北京安定门外安华里2区1号100011）
网　　址：www.petropub.com
编 辑 部：(010)64252031
图书营销中心：(010)64523731　64523633
经　　销：全国新华书店
印　　刷：河北朗祥印刷有限公司

2023年12月第1版　　2023年12月第1次印刷
710毫米×1000毫米　　开本：1/16　印张：5
字数：50千字

定　　价：30.00元
（图书出现印装质量问题，我社图书营销中心负责调换）

版权专有　侵权必究

前言

我们处在一个幸福的时代,也处在一个复杂的时代。科学技术的空前进步,物质财富的空前丰富,为我们造就便利生活的同时,也带来了巨大的诱惑。当我们在物质需求和精神需求的交叉路口迷茫时,或许我们可以从古代先贤对子孙后代的家训中得到一点儿智慧。

古语有云"天下之本在家"。家,是我们生命中永恒的主题,也是我们人生中的第一个课堂。从三国时期诸葛亮的《诫子书》到南北朝颜之推的《颜氏家训》,从北宋司马光的《家范》到明代朱柏庐的《朱子家训》,古人通过家训教导后世子孙应该如何立身、治家、为人处世,如何规范自己的言行举止,树立远大的志向。

修身、齐家、治国、平天下,是古代先贤的崇高理想。"一粥一饭,当思来处不易。半丝半缕,恒念物力维艰。"这是朱柏庐在告诫后人不能骄奢淫逸。"非学无以广才,非志无以成学。"这是诸葛亮在告诫儿子定要勤奋好学。"人苟能自立志,则圣贤豪杰何事不可为?"这是曾国藩在告诫弟弟应当志存高远。

穿越数千年,这些家训中的智慧在今天仍然熠熠生辉。本书就是从这些家训中拾取吉光片羽,编撰成册。同时,书中辅以生动有趣的漫画小故事,让孩子轻松阅读,快乐学习。

目录

1	常怀感恩之心
9	为善不要张扬
17	嫌贫爱富要不得
25	诚实无须多言,公道自在人心
31	做个刚正不阿的人
39	保持豁达的态度
45	诚信为人
51	学会敬爱长辈
59	要宽以待人
65	与人相交,树德不树怨

常怀感恩之心

施慧勿念,受恩莫忘。

——朱柏庐《朱子家训》

尽心帮助别人之后,不要把这件事情放在心上,但是受到别人的帮助一定不要忘记。

3分钟 家训小故事

顾荣施炙

顾荣是西晋时江南士族的领袖,地位显赫。

顾荣

顾大人,请! 请!
有一次,他应邀去洛阳参加一个宴会。

喝酒怎能无肉?来人,上烤肉!

哇!太香了!

顾荣没有像其他人一样瞧不起那个仆人，还把自己的烤肉送给他吃，从这个微小的举动便能看出顾荣心中的良善。而吃到烤肉的仆人也将这份恩情牢牢地记在了心里，在顾荣落入危难之际，便伸出援手去帮助他，这种知恩图报的行为，同样也是一种美好的品德。我们要学习这二人身上的美德，不仅要多行善事，还要牢记别人的恩情，成为一个有德行的人。

家训小板报

顾荣平等待人，仆人"滴水之恩，涌泉相报"，这让顾荣在危难之际保全了性命。但是，在历史上还有一些人，接受了别人的帮助，后来却恩将仇报。他们背信弃义，最终自食恶果。晋惠公就是其中一个。

晋惠公本名叫作夷吾，他的父亲晋献公听信了小人的谗言要诛杀他。夷吾听闻这个消息后，害怕地连夜逃出了晋国。

晋献公去世之后，夷吾想要回到晋国。于是他请求秦国帮助他登上王位，并承诺把河西之地送给秦国作为报答。

秦穆公反复思考后，答应了夷吾的请求。没想到事情成功之后，作为晋惠公的夷吾出尔反尔，不再愿意把河西之地送给秦国。但由于晋国国富兵强，秦国不是对手，秦穆公也只能作罢。

知识延展

家训小板报

晋惠公在位期间，有一年晋国发生了天灾，土地颗粒无收，饿死了很多百姓。晋惠公没有办法，只好再次向秦穆公求助。尽管有河西之地失信这件事在，但秦穆公考虑到晋国的百姓，还是予以了救助。

意外的是，两年后，秦国也发生了天灾，秦穆公向晋国求援。而晋惠公不但没有伸出援手，反而认为此时是攻打秦国的好时机，便发兵去攻打秦国。秦穆公生气极了，立即派兵迎战。

晋国虽然兵强马壮，但是士气不足，最终大败，晋惠公也成了秦军的俘虏。如果你是晋国的一名大臣，想一想我们学过的家训，你会怎样劝谏晋惠公不要恩将仇报呢？

知识延展

为善不要张扬

善欲人见，不是真善；恶恐人知，便是大恶。

——朱伯庐《朱子家训》

做了好事一定要让别人知道，不是真正的善心。做了坏事生怕别人知道，这就是大恶。

3分钟家训小故事

王莽篡汉

王莽生于东汉外戚豪族,从小生活简朴,勤奋好学,深受身为朝廷高官的伯父王凤的喜爱。

读书是我最大的爱好!

这孩子将来一定有出息。

侄儿啊,你要好好努力……

伯父!

王凤病逝后,将王莽托付给了贵为皇太后的妹妹王政君。

之后,王政君托皇上给了王莽一个黄门郎的要职。

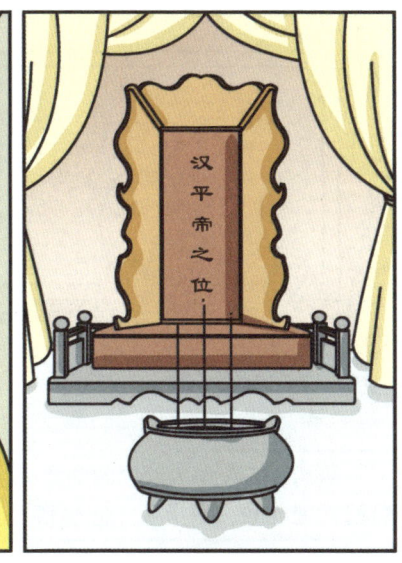

给你玉玺!你抢来的皇位肯定比露水持续时间还短!

啪!

就这样,王莽篡夺了汉朝的江山。公元9年,王莽登基,改国号为"新"。

终于等到这一天了。

王莽做了一点儿好事便四处宣扬,为自己的政治生涯捞取名声,以便获得更高的地位。与此同时,他又将自己篡位的野心掩藏起来,在暗中不择手段地夺取更大的权势。这种戴着善良的面具却偷偷作恶的伪君子,是最为阴险的小人,也是世人最厌恨的对象。王莽的新王朝只持续了十五年便被推翻,但是世人对王莽的厌恶一直持续下来。

家训小板报

王莽小时候勤奋好学，本是可塑之才，但随着生活环境的改变，他却逐渐改变了心性，远离了君子之道。

有"大明第一硬汉"之称的明朝大臣杨继盛，曾在给两个儿子写的家训《谕应尾、应箕两儿》中说道：

人须要立志。初时立志为君子，后来多有变为小人的。若初时不先立下一个定志，则中无定向，便无所不为，便为天下之小人，众人皆贱恶你。

"我的志向可不止如此。""我还要继续往上爬！"王莽所缺少的便是一个坚定的志向，他对任何成就都欲求不满，对任何事都愈加贪婪，以至于为达目的不择手段，令心中善恶的天平失去了平衡，最终害人害己，招致恶果。

人在做事之前，是需要用心去思考善恶的。杨继盛在家训中还说道：

心以思为职。或独坐时，或深夜时，念头一起，则自思曰：这是好念是恶念？若是好念，便扩充起来，必见之行；若是恶念，便禁止勿思。

王莽显然不明白这个道理，他所拥有的只是贪婪的野心，因此并不会反思自己所做的事情是善还是恶。但王莽的故事却为我们带来了很大的启发，时常反思心中的善恶，应当成为我们修身、立德之路上的好习惯。当善念在心中萌芽，我们就要坚定去做，默默去做，这样的善，才是真正的善。

知识延展

嫌贫爱富要不得

见富贵而生谄容者,最可耻;遇贫穷而作骄态者,贱莫甚。

——朱柏庐《朱子家训》

看见富贵的人,就生出阿谀奉承之心的人,是最可耻的;遇到贫穷的人,就故意做出不可一世样子的人,是最卑贱的。

3分钟

家训小故事

坐，请坐，请上座

北宋著名的文学家苏轼平日里喜欢访僧问禅。

苏轼

佛曰：不可说，不可说，一说即是错。

不可说？那你还啰唆这么多。

有一次，他穿着便装出门游玩，途中路过一座寺庙。

口好干，不如进去讨杯水喝。

方丈，在下有礼了。

"坐，请坐，请上座；茶，上茶，上好茶"表露了老和尚从一开始的怠慢，到后来谄媚的心态转变。看人下菜碟，以衣着、财富和权势分别对待人，就是俗称的势利眼。势利眼没有道德操守，等待着他的必定是大家的耻笑与讽刺。

家训小板报

像故事中的方丈那样,遇到比自己地位高的人,就阿谀奉承;遇到不如自己的人,就趾高气昂,甚至仗势欺人,这样的人永远不会受到别人的尊敬。

我国作为文明古国,素来有"礼仪之邦"之称。在很久以前,法律还不够健全的时候,古人就是用"礼"来约束自己的行为。今天我们就一起来看看古人的日常礼仪吧。

行走之礼

古代常行"趋礼",意思是地位低的人在地位高的人面前走过时,一定要低头弯腰,小步快走,以对尊者表示礼敬。

见面之礼

拱手礼是最普通的见面礼仪,行礼时,双手合抱,一般右手握拳在内,左手在外,举至胸前,表示尊重。

知识延展

家训小板报

入座之礼

古代讲究长幼有序，尊卑有别，也就是说座位是有分别的。如果自己不能确定应坐何种席次，最好的办法是听从主人安排。

汉末以前，古人一般席地而坐，姿势为两膝着地，两脚脚背朝下，臀（tún）部落在脚后跟上。另外，入席不得穿鞋袜。

迎宾之礼

迎宾之礼包括却行和拂席。迎客时倒退而行，这是却行，表示敬重。为客人擦拭座位，叫作拂席，表示尊重。

称呼之礼

语言是中华文明的重要组成部分，礼仪用语是古代日常生活中礼仪的重要方面，其中很多礼仪用语我们现代社会也常常用到。

知识延展

诚实无须多言，公道自在人心

人之虚实真伪在乎心，无不见乎迹，但察之未熟耳。一为察之所鉴，巧伪不如拙诚，承之以羞大矣。

——颜之推《颜氏家训》

人的虚实真伪由心而发，只要深入考察，迟早能从其形迹中显露出来。然后，笨拙而诚实的人将得到好评，奸巧伪诈的人则将得到羞辱。

3分钟

家训小故事

智人与木星

先秦时的一个商人有两个儿子。大儿子智人很聪明，二儿子木星则很老实。

木星

智人

给你一枚钱，帮我写作业。

谢谢哥哥！

……

后来，商人病危，把两个儿子叫到床前。

我留给你们一人一家酒馆，你们好好经营……

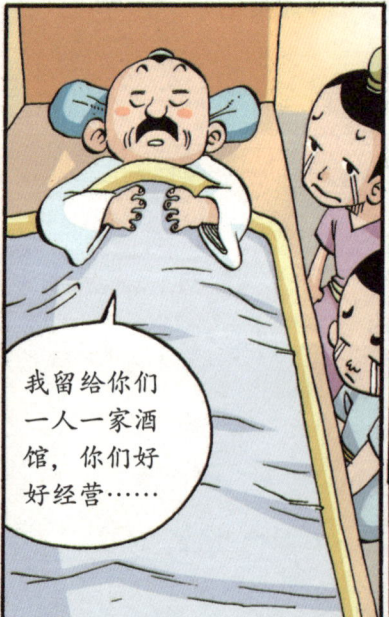

爹，我们记住了。

一段时间后，智人发现来自己店的顾客越来越少。木星的生意，却越来越好。

最近的生意这么差，再多掺点儿水！

我要的是酒，不是白水！

聪明的智人通过降低成本、欺骗顾客来获取暴利，结果顾客们纷纷离去。而笨拙的木星则诚信经营，最终收获了顾客们的青睐。很多时候，靠着小聪明来欺骗他人，会短暂地获益，但早晚有一天会被人拆穿。只有诚实守信才能让一个人长久地立足，这才是真正的智慧。我们要向木星学习，做一个诚实守信的人。

家训小板报

诚信是立人之本，智人在后厨往酒里掺水，自以为做得神不知鬼不觉，可长此以往，总会露出马脚，让自己诚信扫地。

在生活中，我们也时常会经历一些"别人看不见我"的情景，如果这时我们仍能坚守心中的诚信，严于律己，遵守道德准则，才是一个真正拥有良好品德的人。

明朝名臣杨博的父亲杨瞻，就是这样一位诚信无私的人。他曾在淮扬地方经商，遇到过一位从关中来的盐商，将一千金托付给自己保管。没想到的是，盐商一去不回，杨瞻怕弄丢这一大笔钱，或是被小偷偷走，于是便将这一千金埋进花盆，藏了起来。接着，他派人到关中寻找这位盐商。好消息是他找到了盐商的家，坏消息是盐商竟然去世了，而他的儿子对一千金的事情并不知情。

杨瞻得知消息后，本可以就此瞒过所有人，将金钱占为己有，可他并没有这么做。他邀请盐商的儿子来到杨家，说明了来龙去脉，并让他将"花盆"带走了。

有的人可能会说杨瞻愚钝，钱是盐商的，不是盐商儿子的，这钱本来就不用还。但真的是这样吗？

人之虚实真伪在乎心，无不见乎迹，但察之未熟耳。

弄虚作假，掩盖事实，总有一天会败露行迹。如果是你，你会选择当杨瞻这样笨拙却诚信的人，还是一个"聪明"却丧失了诚信品德的人呢？

知识延展

做个刚正不阿的人

阿谀从人可羞,刚愎自用可恶,不执不阿,是为中道。

——姚舜牧《药言》

对别人阿谀奉承、顺从意见的行为,让人羞耻;固执己见,对阻止、劝告或建议不耐烦的行为让人厌恶;不与人争执,也不阿谀他人,这才是中庸之道。

海瑞当官

家训小故事 3 分钟

明朝，浙江有个淳安县，是交通枢纽，常有官员路经此地。

海瑞

后天有官员路过，县太爷要热情接待。现在向乡民募款，有钱出钱，有力出力。张三，你没钱拿斤猪肉来也行。

又能吃顿好的啦，顺便还能捞钱……

捐赠箱

上周才捐过，又要捐。

我留着那斤猪肉是要给我娘过生日的……

自从咱们海县令来了以后，驿站（古代官吏中转宾馆）再也不用募捐来宴请官员啦。

谁敢公款吃喝，先过了我这一关再说！

海瑞是当时有名的清官，被称为"海青天"，与宋代包拯齐名。他调任淳安县令后，马上着手整治当地的不正之风。

君子爱人以德，就是要按照道德标准去爱护他人，对人不偏私偏爱，不姑息迁就。海瑞面对嚣张跋扈的胡公子，没有因为他父亲胡宗宪势力强大就放过他，而是选择了严厉惩治，给他一个狠狠的教训。从古至今，像海瑞这样不趋炎附势的人还有很多，我们应当继承这种刚正不阿的品德，遵循道德标准，做到真正的爱人以德。

家训小板报

没有规矩,不成方圆。自古以来,不畏强权、刚正不阿的清官总是让人心生敬佩。像海瑞一样,董宣坚守法令、一心为民的故事也被人们广为传颂。

东汉初年,董宣任洛阳令时,光武帝的姐姐——湖阳公主的仆人杀了人,这个仆人躲到了公主府中。董宣不能擅闯,拿那人一点办法也没有。于是他带人乔装打扮了一番,躲在周围,等着那个人出来。

没过多久,公主出行,随从中正有那个仆人。于是董宣立即上前擒住了他。公主看见董宣如此大胆,非常生气,向光武帝告了董宣的状。光武帝听过事情的来龙去脉之后,不仅没有治董宣的罪,还赏给他三十万钱。

我们来一起思考一下,如果你是光武帝,你会用哪些家训来劝导一下湖阳公主呢?

知识延展

家训小板报

姚舜牧是明朝的一位官员,他曾帮助百姓力锄乡绅无赖,因此深得民心。

姚舜牧为训诫子孙、教育后辈所著的《药言》被后世赞为"本经书之语,立济世之方"。

这本家训中的内容有些来自经史典籍,有些来自族中的老人讲述,也有些是姚舜牧自己的人生感悟。书中虽然只有百余条训言,但是其中饱含了姚舜牧对子孙后代的谆谆教诲,是我国家训文化中不可或缺的灿烂瑰宝。

后来,《药言》被姚氏家族后世子孙奉为治家宝典,并努力践行。姚家也因为家训严格而成为名门望族,历经明清两代仍久盛不衰。

名人号外

姚舜牧 字虞佐 自号承庵 明朝官员

保持豁达的态度

患人知进而不知退,知欲而不知足,故有困辱之累,悔吝之咎。语曰:"如不知足,则失所欲。"故知足之足,常足矣。

——王昶《家戒》

人如只知前进而不知后退,只知索取而不知满足,就有可能会陷入困境、遭受侮辱,甚至会有悔恨终生的过失。古语说:"如果不知道满足,就会失去自己想要得到的东西。"所以,知足者才可常足。

刘禹锡从容待逆境

家训小故事 · 3分钟

刘禹锡是唐代的大文学家,他胸怀宽阔,待人大度,总是能在逆境中寻找到人生乐趣。

有一次,刘禹锡因得罪朝中权臣而被贬到安徽和州(今安徽和县),任通判(从八品的副职)一职。

策知县:啊呀呀,你远道而来,给我带什么京城特产了没?

刘禹锡:知县大人,刘禹锡前来报到。

刘禹锡:特产?有哇!

策知县:在哪里?快拿给本官。

刘禹锡:这不,我一身的京城尘土。

策知县:啊?收大礼的美梦破灭了!

转眼千年已过，策知县早已化作黄土，而刘禹锡的《陋室铭》却代代相传，流芳百世。

很多时候，人在面对困境，以及他人不公的对待时，总是愤怒、沮丧，甚至选择自暴自弃。而刘禹锡拥有君子的豁达，面对他人的恶意，以及自身的困境，依旧表现出超然乐观和开朗的人生态度，值得我们每一个人学习。

家训小板报

王昶出身山西太原王氏，是当时名门望族的子弟，但他不靠家族的声望，也是个不可多得的人才。王昶从小就聪明机警，年纪轻轻就成了曹丕身边的辅臣，后又辅佐多任帝王，都身兼要职。太傅司马懿掌权后，王昶深得器重，他奏请伐吴，并在江陵取得重大胜利，升任征南大将军。255年，王昶参与平定"淮南三乱"有功，又迁骠骑大将军。

除了出色的军事才能，王昶的还十分关心朝政制度，他认为魏国有很多自秦汉时期沿袭下来的弊政，法制苛刻又琐碎，于是便撰写了《治论》提出自己的治国理念。堪称一位文能提笔安天下，武能上马定乾坤的贤才。

王昶虽然一生忙于政事、军事，但他从未忘记对子女的教导。我们所熟悉的"得其人，重之如山；不得其人，疾之如草"的千古名句，就出自王昶写给儿女的《家戒》之中。《家戒》中所提到的"十其"更是被世人广为称道：

其用财先九族，其施舍务周急，其出入存故老，其议论贵无贬，其尽事尚忠节，其取人务实道，其处事诚骄淫，其贫贱慎无戚，其进退合时宜，其行事加九思。

名人号外

王昶 字文舒
三国时期曹魏将领

诚信为人

以孝悌为本,以忠信为主,以廉洁为先,以诚实为要。临事让人一步,自有余地;临财放宽一分,自有余味。

——高攀龙《高氏家训》

一个人,应该把孝顺父母、敬重兄长作为做人的根本,把忠贞诚信作为主要的事情,把清廉道德摆在前面,把诚实作为重要的事情。遇到事情让人一步,处世才会有余地;对待钱财不要太在意,生活才会有余味。

何为诚信？诚信属于道德范畴，即待人处事诚实守信，言必信，行必果。一言九鼎、一诺千金是中华民族的传统美德，更是君子以德行向世人展现的大爱。就像陶四翁所理解的那样：当我欺骗了别人的时候，我和欺骗我的那些人有什么区别？

家训小板报

高攀龙是明朝时期的一代儒学大家。他虽然饱读诗书，但仍然常常觉得自己"读书虽多，心得却少"，于是改用半日读书、半日静坐的方法涵养德行，几十年间从未间断。

明神宗在位期间，常常不理朝政，朝中党派林立，宦官横行。高攀龙不畏权贵，上书直言当时的首辅结党营私，因此得罪了权贵，被贬到广东揭阳，做了一个没有品阶的典史。在就任的路上，高攀龙就给自己订立了严规，要求自己静心，涵养德行，不被外界干扰。

后来，高攀龙因事假回家，不久后经历了亲人病故，一系列的波折，令高攀龙决定不再入朝为官。他与顾宪成等人重建了东林书院，在书院中讲学，批判当时的政治，主张关心社会问题，关心百姓生活。这一讲就是二十余年。

明熹宗即位后，高攀龙被重新启用，他接连上书要求革新政治，挽救国家濒危的命运，被明熹宗首肯，并取得了巨大成效。但好景不长，没过多久，以大宦官魏忠贤为首的阉党势力日益扩张，控制了朝廷内外，高攀龙被诬陷贪污。不堪屈辱的高攀龙，最终投水自尽，时年六十四岁。

高攀龙崇尚正人君子之风，坚持正义，敢于在国家面临危难时，挺身而出。由他所著的《高氏家训》，涵盖了立身、看人、做人、交友、处事、待人、识财、识官、避祸、守法等内容，广受后人推崇，被视为教育子孙的经典，经常出现在童蒙训导中。

名人号外

高攀龙 字存之、云从 世称景逸先生
明朝政治家、思想家 "东林八君子"之一

学会敬爱长辈

孝，不但敬爱生父，凡伯父叔父，皆当敬爱之；不但敬爱生母，凡嫡母继母、叔伯母，皆为敬爱之，乃谓之孝。

——吴汝纶《谕儿书》

不但要敬爱亲生父亲，凡是叔父伯父，都应当敬爱；不但要敬爱亲生母亲，而且要敬爱嫡母、继母，以及伯母叔母，这样才能称为"孝"。

杜环孝奉他人之母

家训小故事 · 3分钟

明朝人杜环的旧友常允恭去世后,母亲张氏无家可归,便来投靠杜环。

当时正值饥荒之年,虽然杜环家境也很困窘,他却仍然收留了好友的母亲。

"这是张老太太,以后就住咱们家了。"

"老太太,快先进屋里来。"

"您的衣服都湿了,快先换上我的吧。我去给您煮碗热粥。"

"你可真是好人啊!我一路上找了不少亲友,没有一个愿意收留我的。"

"我杜环家里虽穷,但还是能侍奉您老人家的。"

杜环收留了已故友人的母亲，对她像对待生母一样孝顺，给了她一个幸福的晚年生活，由此可见杜环心中的君子之爱。古人提倡"老吾老，以及人之老"，这就是教育我们在孝顺自己长辈的同时，也不要忘记孝敬其他的老人，我们要牢记这种美德。

家训小板报

百善孝为先，孝道是中华民族世代相传的传统美德。然而，杜环对待友人常伯章的母亲，像对待自己的母亲一样孝顺，作为亲生儿子的常伯章却丢下自己的母亲不管。

假如你是他们的朋友，结合下面的故事和我们学过的家训，来劝导一下常伯章，让他迷途知返，孝顺父母吧！

刘恒亲尝药汤

有一次，汉文帝刘恒的母亲患了重病，一病就是三年。刘恒心急如焚，整日衣不解带地侍奉在母亲窗前。每次为母亲煎好药之后，都要先自己尝一下药烫不烫。凉得差不多之后，他才喂给母亲喝。后来，刘恒孝顺母亲的事情广为流传，人们都称赞他是一个仁孝的人。

闵子骞单衣顺母

闵子骞是孔子的得意门生。他幼年丧母，继母又生了两个弟弟，并存有私心，常常苛待他。有一年冬天，天气非常寒冷，继母为大家做好了棉衣。但是，继母给两个弟弟做的棉衣中填充的是棉花，给闵子骞的却是芦花。芦花不保暖，闵子骞被冻得瑟瑟发抖。父亲知道后，大发雷霆，要休了继母。闵子骞立即拦住了父亲，说："爹！后娘也是娘。有了她只有我一个人受冻；没了她，两个弟弟都要受冻了。"继母终于被闵子骞的孝行感动，一家人生活越来越和睦。

知识延展

家训小板报

在古人眼中，孝亲敬长是一个人身上必须要有的品质。于是他们将其写在家训中，代代相传。我们之所以能健康快乐地成长，离不开父母无微不至地照顾。那么，作为儿女，我们可以做些什么来孝敬父母呢？

有的人说，长大以后要让爸爸妈妈住上漂亮的房子；也有人说，长大以后，要带着爸爸妈妈到处旅游……其实并非如此。孔子认为，孝敬父母并不只是赡养这么简单，而是要发自内心地敬爱父母。

如果带着敬爱之心，带着对父母辛苦的体谅，哪怕是一件很小的事情，父母也会很开心。那你想好可以为爸爸妈妈做一件什么事情了吗？写在下面的小纸条上吧。

拓展互动

要宽以待人

处宗族、乡党、亲友,须言顺而气和。非意相干,可以理遣,人有不及,可以情恕。

——庞尚鹏《庞氏家训》

与宗族、乡人、亲友相处,必须说话和气。别人不怀好意的冒犯,可以以理斥退,别人做得有不周到的地方,可以以情宽恕。

严讷善待邻人

家训小故事 3分钟

严讷是明朝时的翰(hàn)林学士[1]。他为人宽厚,一向善待他人。

[1] 翰林学士:明朝翰林院的最高长官。

严讷以德服人的品质非常值得我们学习。当我们与别人产生矛盾的时候，也可以先站在对方的立场上思考一下，我们的所作所为是不是给别人带去了困扰？找到产生利益冲突的根源，再想办法去解决。这样予以别人方便，别人也会感受到我们的诚意，从而愿意共同解决问题。原本尖锐的矛盾，也就轻松地化解啦！

家训小板报

俗话说，远亲不如近邻。邻居是住的离我们最近的人，所以我国古人历来重视与邻里建立和睦共处的关系。严讷对待邻里宽容有度的做法让人敬佩，但是也有一些人会依仗自己的权势苛待邻人。

很久以前，有一个士大夫家财丰厚，但是人品特别不好。不仅在外面结了很多仇家，还经常凭借自己的权势欺凌邻里。有一天，他的仇家上门寻仇，入屋伤人、放火烧屋。眼看着火势蔓延，火光冲天，但是没有一个人愿意上前救火。

人们还互相告诫说："如果救火，火熄灭之后，不但没有功劳，他家还会状告我们，认为是我们盗取他家的财物，可能还会把我们关进牢狱！如果不救火，那不过打一百杖而已。我们还是不要管了。"

最终，那个士大夫的房子和家当都在火光中烧成了灰烬，后悔也晚了。如果你是那个士大夫的同僚，你会用哪些家训来劝诫一下他，不要仗势欺人，要与邻为善呢？

知识延展

与人相交,树德不树怨

处人伦事物之间,有顺有逆,既不能无德怨。自处之道,有树德,无树怨,固然也。

——张履祥《训子语》

人生活在世上,有时顺利,有时艰难,但不能没有德怨的观念。有树德,无树怨,应该是对自己的根本要求。

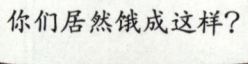

秦穆公是一位十分有德行的人，他在治理国家、处理事情时，永远怀着一颗仁慈的心，宽容他人，关怀他人。做人就应当像秦穆公这样，时刻保持善良和宽容，多树立德行，这样才会受人爱戴和尊敬，同时，当我们以身作则，展现爱人以德的美好品质时，别人也会因此受启发，更加注重自身品德的培养。如果所有人都拥有这样的觉悟，世界会变得更加美好。

家训小板报

原文:"立爱自亲始",爱身爱之本也;"立敬自长始",敬身敬之本也。以爱敬存心,而入于邪慝(tè)者希矣。

译文:树立仁爱的观念要从自己的父母开始,爱惜自身是仁爱的根本;树立恭敬的观念要从自己的长辈开始,敬重自身是恭敬的根本。心里怀有仁爱与恭敬的意念,却堕入邪恶境地的人是很少的。

原文:美恶之习,始于一人二人,其流必及数世,诚之所感,不言而喻。故意向不可不端,立身不可不正。

译文:好的或者坏的习性,从一两个人开始,它的风气一定会影响到几代人,以诚心待人就会使人感动,这不用说就可以明白。所以意愿、志向不可以不端正,立身处世不可以不正直。

原文:处之之道,我有德于人,无大小不可不忘;人有德于我,虽小不可忘也。

译文:相处之道是,我对别人有恩惠,无论大小都不可以不忘记;别人对我有恩惠,即使很小也不可以忘记。

——张履祥《训子语》

名句精选